U0278088

科学大发现

不可思议的力

[美] 保罗·哈里森◎著 许若青◎译

中国少年儿童新闻出版总社
中国少年儿童出版社
北　京

鲁克和他的朋友们

鲁克

鲁克是一位天才少年，他发明了一款名叫"虫洞"的手机 APP（应用程序）。只要用手机自拍一下，他和朋友们就能一起跨越时空，开启科学之旅。

何敏

何敏天资聪颖，甚至可以说是机智过人。她喜欢扮酷，总装作一副心不在焉的样子，其实她对科学有着火一样的热情。

蒋方

蒋方很幽默，总喜欢胡闹。他的脑子转得很快，随口就能讲出笑话来，这或许是他脑子里装了很多知识的缘故吧。

宁宁

宁宁是这群伙伴里年龄最小的一个，大家都很照顾她。她热爱运动，无论是跑跑跳跳还是打球，她都很擅长。

比特

比特是鲁克的小狗，它很喜欢跟着大家一起探险。比特天不怕、地不怕，唯独害怕噪声。

目　录

🍎 与时间赛跑

　　飞盘在天上悬停了几秒钟后，小狗比特纵身跃起，灵巧地叼住了飞盘。

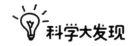

"接得漂亮，比特。"何敏喊道。

鲁克正在收拾旧自行车零件，他抬起头向喊声传来的方向望去，看到何敏和宁宁过来后，他满脸微笑地朝他们打了个招呼。

"你真的不跟我们一起玩儿吗？"何敏问。

"不了，我这会儿忙着呢，我想用这些零件组装出一辆自行车。你们看，这些链条、脚踏板、轮子什么的还挺好的呢……就是车架有点儿生锈，但看样子还算结实，我想我能办到。"鲁克对自己的动手能力很自信，"你们要是没什么事的话，帮我把车架子上的铁锈刮掉吧。"

"我觉得还是跟比特玩儿更有意思。"宁宁跑开了，对着比特大喊，"该我啦，让你见识一下真正的技术，准备好了吗？"

宁宁用力扔出飞盘。

飞盘在空中划出一道弧线后俯冲下来，擦着鲁克的头顶飞了过去，把他吓了一跳。

"太完美了！"宁宁笑了起来。

不过，这一次比特没能接住飞盘。

"糟糕……"宁宁嘟囔了一声。

飞盘被一阵风吹了起来，越飞越高，挂在了高高的树枝上。比特跑到树下，把两条前腿扒在树干上，似乎急切地想让飞盘掉下来，但它的努力只换来了几片落叶。

"……鲁克，有梯子吗？"宁宁不好意思地问。

"有倒是有……不过可能到不了那么高。"鲁克放下手里的自行车轮，抬头看了看飞盘的位置。

何敏说："算了吧，就算梯子够高，爬那么高也会出危险的。宁宁，你的力气可真大！"

"扔得可真有'水平'，宁宁！"何敏偷笑着说。

宁宁觉得很冤枉，"这也不是我的错呀，明明是大风把飞盘刮上去的！"

鲁克说："宁宁说的对，今天确实风大。"

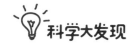

正在这时，蒋方踏着滑板飞驰而来，在众人面前熟练地做出一个身后收板的动作，来了一个帅气的亮相。"快来看！"蒋方边招呼大家边挥舞着手中的海报。

鲁克接过海报，仔细读着上面的内容："一个比赛……没有参赛年龄限制……要造出一辆赛车……任何车型的设计均可参加……什么？不能用发动机？"

宁宁说："听起来挺有趣呀。我想参加，要不我们组队参赛吧！什么时候开始？"

"嗯……明天……"鲁克在海报靠下的地方找到了比赛时间。

何敏说："哇，那可没多少准备的时间了。咱们能在比赛前把车造出来吗？"

"时间应该够用。"鲁克一向很自信。

"你总这么说，真能造出来吗？"何敏觉得没什么把握。

鲁克指着远处的车库，"需要的材料全在那边，啥都有。咱们肯定没问题！"

蒋方跑到车库，看到里面堆满了乱七八糟的东西，有些失望地说，"鲁克，你的意思是，要用这堆破烂造出一辆车？"

"那些可不是破烂！车库的每一样东西都是宝贝！"

"这算什么宝贝，就是破——烂——！"蒋方朝鲁克做了个鬼脸。

鲁克轻轻捶了一下蒋方的肩膀，笑着说："不过说实话，我还真没造过汽车。你们有经验吗？"

其他三个伙伴都摇了摇头。

"我小时候有一辆红色的四轮小车，和咱们想做的赛车还算比较接近吧。"宁宁一边回忆，一边告诉何敏，"我可喜欢那辆小车了，那时候爸爸经常把我抱到小车上，拉着我在公园里跑，让我喜欢上了'奔驰'的感觉！"

"没问题的，这不过就是'力'的问题嘛。咱们一定能造出赛车，赢得比赛。"鲁克说。

"力？你是说《星球大战》里提到的那个'原力'？"蒋方学着电影主角的语气说，"达斯·维德将用原力为黑暗面赢得这场比赛。"他边说边假装挥舞光剑，发出"嗡嗡——咻咻咻咻——"的声音。

鲁克叹了口气，"不是不是。宁宁说她的爸爸拉着小车带她玩儿，我想到这涉及很多力，比如宁宁爸爸拉车用的力、轮子和地面之间的摩擦力、空气的阻力……你们不想听我说这些？"

　　何敏说："是呀，鲁克，你平时解释事情可不会和我们说得这么复杂，也不会这么没意思。"说着，她从双肩包里掏出一个苹果，递给了宁宁。

　　鲁克抢先拿过那个苹果，"苹果！对啊，我知道谁可以帮咱们了。"他兴奋地掏出手机，"快，大家快来，我们要出发喽！"

🍎 不一样的英雄

　　鲁克挥舞着手机，自豪地说："我的神奇发明——'虫洞'，能带咱们跨越时空探索科学！"

　　"这可比听他没完没了的唠叨有趣多啦……"

　　"知道啦，知道啦……"

　　"快按呀……"

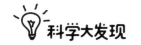

蒋方、何敏、宁宁你一言我一语地催促鲁克。

鲁克紧握手机,把胳膊伸得直直的,"大家都在镜头里了吧?"

小伙伴们凑在一起,鲁克摆弄着手机做好最后的检查,在确认大家都在镜头里之后,按下了拍摄按钮。

一道闪光!

时空转换——

一道明亮的闪光过后,大家来到了虚拟世界,周围的一切都变了模样:眼前的院子和街道消失了,鲁克家院子里的那棵大橡树变成结满了果实的苹果树。一位年轻人在树荫里坐着,他的头上戴着长长的白色假发,身上穿着一件袖口宽大的长衫。此刻他正握着一支羽毛笔在纸上写着什么。

"他是谁?"何敏问。

"他就是大名鼎鼎的艾萨克·牛顿,是我最崇拜的科学家,我觉得叫他科学英雄一点儿也不过分。"鲁克眼里露出崇拜的目光,继续说,"现在是 1665 年,咱们现在是在英国林肯郡牛顿家的院子里……"

"那时英国人的穿着可真有意思。"蒋方捂着嘴偷笑。

"牛顿当时还是个少年呢,他本来应该到剑桥大学上学的,不过那年伦敦暴发了一场大规模的鼠疫,为躲避鼠疫,

他只好离开学校回到家里。"鲁克接着说，"鼠疫可是致命的，那场瘟疫横扫了整个欧洲，超过 10 万人死亡。不过，这场灾难阴差阳错地成就了牛顿。就在这儿，他在科学研究上取得了重大突破。"

咚的一声，小伙伴们看到一个苹果从树上掉落下来，在牛顿身边的草地上弹了两下。

鲁克骄傲地说："看呀，这就是他的大发现！"

"就这？一个苹果差点儿砸到他的脑袋上？这能发现什么啊？"蒋方根本不相信鲁克的话，"不会是发现坐在苹果树下很危险吧……你崇拜的科学英雄可真奇怪。"

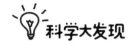

鲁克大笑起来，"哈哈……才不是你说的那样呢。苹果掉到地上这个现象，促使牛顿思考'为什么物体总是向下落，而不是向上飞或者漂浮在空中'。他意识到，一定是有什么东西在把苹果向下拉。经过反复推演研究后，他发现这是重力的作用。"

"我猜，重力就是一种力吧？"何敏问。

鲁克接口道："说的对！简单来说，力实际上就是通过'推'或者'拉'来改变物体运动状态的。聪明的牛顿由此发现了三条科学定律，后来大家把这三条定律叫作牛顿运动定律。"

"这么厉害！这样说来，他岂不就是管理运动的警察了。"宁宁故作夸张地说。

"这么说不太合适，科学定律和法律条款不一样，它是一直存在的，牛顿只是发现并描述了这些现象背后的规律而已。"鲁克解释说。

"你这么一说，我觉得他确实有那么点儿厉害。不过，在我心里，他还不能算是英雄……"蒋方说，"我才不关心他提出了多少定律呢，除非……他能帮我们赢得比赛。"

"如果他真的可以呢？"鲁克问。

"要是那样的话……好吧，算是个例外吧，我可以把他

算作英雄。不过，下不为例啊。"蒋方说。

鲁克退出了"虫洞"应用程序，大家回到了鲁克家的院子。

"那么，咱们从哪儿入手呢？"何敏着急地说，"我可从来没见过拉着赛车跑的，不过好像还真有推着跑的。"

鲁克机灵地说："对，原因很简单——谁也不想不小心摔倒时，车子从自己身上轧过去。"

"是呀，那可就真赢不了了。"蒋方哈哈大笑。

"不过，可能还真有阻碍咱们取胜的'坏蛋'，就是摩擦力。"鲁克说。

"摩擦力？是什么呀？"何敏问。

"很简单，摩擦力出现在物体相互接触的地方，当两个物体相对运动……"

"用手机！用手机！用手机……"宁宁和蒋方不想听鲁克的长篇大论，两人不约而同地提议。

鲁克说："好吧，快来，你们知道要怎么做。"

小伙伴们凑到一起，催促鲁克打开"虫洞"应用程序。

蒋方小声嘟囔："何敏，为啥你每次都摆出一副陶醉的表情啊？"

何敏没好气地用胳膊肘戳了一下蒋方。蒋方一躲，扑通

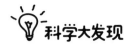

一下坐到了地上。

一道闪光！

时空转换——

鲁克、何敏、宁宁再次进入了虚拟世界。

宁宁发现蒋方不见了，"蒋方呢？"

"他是不是在我拍摄的时候跑到镜头外面去了？"鲁克说，"这可有意思了，现在他只能看到咱们的动作，看不到咱们眼前的景象啦。"

"这是他自找的。"何敏没好气地说。

"好吧，先不管他了。咱们现在在哪儿？"宁宁问。

🍎 前进的巨石

　　几个小伙伴惊讶地发现，四周的景象变成了一片绵延起伏的丘陵，既没有道路，也没有建筑。远处走来了一群穿着兽皮衣服的人，他们当中的一些人正用兽骨制成的工具挖地，另外一些人则用绳子拖着一块巨大的岩石。

　　滚动的巨石发出隆隆巨响，就连脚下的大地也跟着震动起来。小伙伴们发现，巨石在几根并排摆放的圆木上滚动前进，

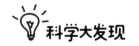

巨石后面每滚出一根圆木，有几个人就赶紧把它搬到巨石的前面去，确保巨石一直前进。

鲁克说："这里是 4000 年前的英格兰，准确地说，咱们现在是在巨石阵。"

"他们在干什么？"何敏问，她看到一些人正吃力地把巨石拉向一片半圆形的石阵。

"他们正在建造巨石阵呢。"鲁克回答说。

宁宁问："他们为什么要建造这个巨石阵？这可是个大工程啊。"

"嗯，这个问题到现在还没有人能说清楚呢。"鲁克继续说，"很多历史学家认为巨石阵可能用于某种仪式，但究竟怎么使用却没人知道，因为那时没有任何文字记载。"

何敏问："既然我们什么都不知道，那咱们来这儿干什么？这对我们比赛有什么用呢？"

"我觉得这是让我们了解摩擦力的理想案例。"鲁克指着放在地上的一块不太大的石料说，"你们俩试着推一推这块石头。"

何敏和宁宁用尽全身力气去推那块石料，可无论怎么推，石料都纹丝不动。

"这石头也太沉了！"宁宁气喘吁吁地说。

"哈哈，果然如我所料。你们看，如果让石块直接接触地面，我们就很难推动它，这就是咱们刚才说的摩擦力在起作用。"说完，他指了指一块放在一排圆木上的石料说，"你们再去试着推一推那个。"

"这块石头比刚才那个还要大一些呢，我们肯定也推不动啊……"何敏撇了撇嘴。

然而，眼前的一幕让何敏瞪大了眼睛。她惊奇地发现，这一次，他们使劲一推，巨石居然伴随着隆隆巨响在圆木上慢慢地动了起来，移动了很长一段距离。

"有了圆木，就没有摩擦力啦！"何敏兴奋地说。

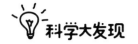

"摩擦力还是有的，不过没有刚才那么大了。"鲁克指着那块直接放在地上的石头说，"刚才那块石头与地面贴合在一起，推动它的时候，它和地面之间会产生非常大的摩擦力。"他又指着那边放在圆木上的石块说："这块石料没有直接和地面接触，它被圆木垫了起来，我们使劲推动它的时候，圆木会滚动起来，而圆木滚动时，产生的摩擦力，要比石头直接在地面上滑动时产生的摩擦力小得多。史前人类发现了这个秘密，就开始用圆木来移动大石块了。"

"所以，直到现在人们依然在用轮子来解决很多难题。"何敏恍然大悟。

鲁克使劲点点头，"对！不过，说起轮子，咱们可得快点儿造出参赛用的赛车了。"他按了一下手机屏幕，巨石阵消失了。

"你们可算回来了……我可真是自作自受……"蒋方遗憾地问，"我错过了什么吗？"

"没有，我们只看到了一些大石头而已。"宁宁开玩笑说。

何敏说："除了看到了一些大石头以外，我们还学到了使用轮子来移动沉重的东西。"

蒋方嘲笑着说："啧啧啧，我早就说过了！赛车就是要

有轮子嘛，这是常识啊！"

"没错，但你知道这是为什么吗？"何敏反问道，"物体和地面的接触面越大，摩擦力就越大。而轮子可以减少物体和地面的接触面积，所以滚动摩擦力要比滑动摩擦力小。"

"是呀是呀，我知道。赛车的轮子一般都很窄。轮子太宽的话会增加摩擦力，车就跑不快了……"

何敏点点头，表示赞同："有道理。我记得有一次爸爸在开车时特别生气，因为他被前面一辆拖拉机挡住了，无论拖拉机司机怎么踩油门，速度还是慢得像蜗牛。我记得那辆拖拉机的轮子就是又大又宽的。"

"所以，咱们要用窄小的轮子吗？"宁宁说。

鲁克摇摇头，"先别着急下结论。让我们想想F1赛车的样子，那些赛车的轮胎可是非常宽大的。因为如果车轮太窄，就没办法让车辆平稳地行驶，甚至在坑洼不平的路面上行驶或者遇到急转弯等情况时还会翻车呢……摩擦力可不总是越小越好，有的时候，比如赛车急转弯的时候，摩擦力还是挺有用的，这时摩擦力太小，车子就会打滑。"

"可是轮子越大，车就越沉呀。"蒋方说出了不同意见。

鲁克说："这倒是，车子越沉，我们就需要用越大的力

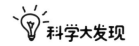

让它移动。所以咱们必须多想一想，让咱们的赛车在省力、跑得快和跑得平稳之间找到一个平衡点。"

听了鲁克的话，蒋方叹了口气，"那太糟糕了。我本来还想着要造一辆重型卡车那么大的赛车呢……那该多带劲儿啊……"

鲁克笑起来："哈哈，你的想法的确很棒。不过真要造出来的话，恐怕它会因为空气阻力太大而跑不快的。"

"什么力？"

"我猜可能又是一种力。"何敏说。

"一会儿这个力，一会儿那个力，弄得我都头疼了。"宁宁抱怨起来。

"空气阻力的确是个让人头疼的问题。当物体移动时，空气会对物体施加反向的推力，降低物体的运动速度，这就是空气阻力。"

"听起来很像把物体给拽住了。"蒋方开玩笑说。

鲁克说："完全正确！为了降低空气阻力，我们的赛车在外形上必须能让空气顺畅地流过去，这是空气动力学的研究范畴。"

说着，鲁克从工具箱里拿出一支粉笔，在地面上画了起来。

他首先画出一个长方形，旁边用箭头表示空气流动路线，然后说："对于这个方盒子来说，空气会对这个方形平面施加很大的力，而且空气也没办法顺利地流过这些棱角。"接着，在长方形下面，他又画了一个水滴形状的图形，并用箭头表示空气流动路线，"这种形状就很不错，

前面圆圆的部分可以劈开空气，让空气顺利地流过去。"

"那咱们能不能把车制作成水滴形状的？"何敏受到启发，提出自己的想法。

"也许可以，如果能把架子搭好，咱们就可以把薄的胶合板做成弯曲的形状，包在架子外面，这样的话，车身也不会很重。"鲁克说。

"太好啦！咱们赶快开始吧！"宁宁激动地说。

鲁克却说："先别着急，在动手之前，我想我们可能还

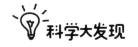

有件事儿。咱们得赶紧想想用什么力才能让赛车动起来。"

"又要打开'虫洞'了吧?"蒋方问。

鲁克笑了笑,"我早就觉得用'虫洞'比我说的更有意思了。"

蒋方赶忙说:"这回我可得离何敏远点儿!千万不能再远离镜头了!"说着,他赶紧凑到小伙伴身边。这回,鲁克和宁宁站在中间,蒋方还把小狗比特抱了过来。

莱特兄弟的建议

一道闪光！

时空转换——

闪光过后，伙伴们出现在了一片开阔的空地上，这里阳光十分强烈，照得大家睁不开眼。

忽然，一阵风裹挟着沙子吹了过来，呛得蒋方咳嗽个不停。他一边吐着口水，一边说："鲁克，你带我们来的地方可'真不错'！"

"蒋方，你要是一直闭着嘴不就没事了嘛。"宁宁笑了起来。

"那边是大海吗？"何敏手搭凉棚眺望远方，"不过，这里好像和我去过的热带海滩不太一样。"

鲁克说："现在是 1903 年 12 月 17 日，这里是美国北卡罗来纳州的基蒂霍克海滩，那个山坡就是'斩魔山'。"

"斩魔山？这名字听着有点儿耳熟。"蒋方说。

"基蒂霍克这个地方好像在哪儿提到过……"

鲁克说："我想，咱们可以在这儿学到一些对于造车有

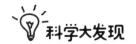

用的知识。"

"这里有人玩赛车吗？"宁宁问。

突然，比特大声叫了起来。

"小心！"从大家身后的天空中传来一阵喊声。

紧接着，天空中传来巨大的发动机轰鸣声。大家转身回望，一架用木头和帆布做的飞机飞快地向他们扑来。大家隐约看到机翼上面好像趴着一个人，他戴着护目镜，两只手用力地拉住绳子控制飞机。飞机在高空扭了几下，忽然加速俯冲，

几乎碰到了地面。

"快！趴下！"鲁克大喊。

几个小伙伴赶忙扑倒在地，飞机擦着他们的头顶飞了过去。那一刻，飞机几乎完全遮住了阳光。等大家再次抬起头时，飞机早已飞远，只留下浓浓的汽油味和扬起的尘土。

一位先生从他们身边匆匆跑过，还不忘扭头说："对不起！"然后继续跟着飞机跑。飞机在不远处的沙滩减速着陆。小伙伴们站起来，拍了拍身上的尘土。

蒋方说："鲁克，我确定那玩意儿绝对不是赛车。"

"鲁克！你刚才差点把我们害死！"何敏严厉地批评鲁克。

鲁克大笑起来："咱们这是在虚拟的世界里，不会真的发生危险的。'虫洞'只给咱们展示了一段真实的历史影像，但这只是影像而已。不过，'虫洞'的高级之处在于咱们可以与影像中的人物和环境互动，就像钻进了历史书里一样，可以看到、摸到和闻到所有的东西，不过我们并没有真正进行时空穿梭，更像是戴上了虚拟现实眼镜。"

"我一直非常好奇这个功能是如何实现的。"宁宁说。

"但是……刚才这个影像也太真实了，吓死我了！"何敏皱着眉头说。

鲁克说："别生气啦，看，莱特兄弟来啦。"

蒋方激动地说："什么？莱特兄弟？！我刚才就在想，以前好像听说过'斩魔山'这个地方，莱特兄弟就是在这儿试飞的第一架飞机！刚才那个飞着的割草机，原来就是'飞行者一号'啊！"

"蒋方！想不到你了解得这么多啊！"鲁克投来赞许的目光。

"我可是集帅气和智慧于一身呢！不过，这确实对你们有点儿不太公平。"蒋方自夸起来。

"但是你出的洋相可比大家都多。"宁宁不屑地朝蒋方翻了个白眼。

"他们过来了。"鲁克打断了大家的对话。

看到有两个人走了过来，比特也凑上前去仔细地嗅了嗅他们。兄弟俩穿着厚实的羊毛西服，其中一位有点儿谢顶，另一位留着浓密的小胡子，两人脸上挂着友善的笑容。

"再次向你们道歉。不过，你们好像是突然从哪个地方冒出来的，起飞前我明明确认过这里是没有人的……不过，无论如何，请允许我先做一下自我介绍，我是奥维尔·莱特。这位是我的哥哥威尔伯·莱特，他是刚才驾驶那架飞机的飞行员。"说完，他骄傲地拍了拍威尔伯的后背，"威尔伯，我们得好好庆祝一下，今天飞行的距离可是最远的！"

得知打破了纪录，威尔伯开心地笑了起来，"咱们的'飞行者一号'肯定还能飞得更远。"

鲁克说："一定会的！未来，人们可以坐着飞机从世界的一头飞到另一头呢！"

兄弟俩相互对视，似乎不敢相信鲁克的话。不过没过多久，他们就哈哈大笑起来。

"真是个大胆的想法！我在想，要是能飞到海对岸的话，我就十分满足了！你接下来是不是想说咱们能飞上月球呀？"威尔伯笑着继续说，"对了，你们来这里有什么需要我们帮忙的呢？"

何敏小声地和宁宁说："我很想知道，这跟咱们要造的赛车有什么关系呢？"

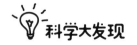

"请问，我们能不能参观一下你们的工作室呢？"鲁克说。

"什么？你说的是我们在俄亥俄州代顿市的自行车铺子吗？我还以为你们想了解有关飞机的知识呢！"奥维尔惊奇地说。

鲁克也感到这个要求有些唐突，他接口道："如果可以的话，下次我们再专程向你们请教飞行器的问题。现在，我们还是对自行车感兴趣。"

"好啊，随时欢迎。不过，你们知道怎么过去吗？"

"当然。"鲁克从兜里掏出手机。

一道闪光！

时空转换——

眨眼间，伙伴们就来到了一个自行车铺。海滩消失了，眼前是一间工作室，里面堆放着各种工具，以及齿轮、链条等自行车零件。

"这儿和你的车库一样乱，鲁克。"蒋方说。

宁宁环顾四周，惊讶地招呼小伙伴们："快看，莱特兄弟在那边呢。"

"你们来了啊。瞧瞧，我们的自行车可是全国最棒的。"大家转过头，只见奥维尔一边擦着手上的油渍，一边对大家说，"你们特地来到这儿，想知道什么呢？"

"您可以帮我们讲解一下自行车的工作原理吗？为什么我们一蹬脚踏板，自行车就能向前走呢？"鲁克问。

"这个说起来并不复杂。自行车是一种非常高效的交通工具，它有一组由链轮、链条、飞轮组成的传动系统，能够把我们蹬脚踏板产生的能量转化为前进的动力。"奥维尔指着工作台边上的一辆自行车，"看到脚踏板旁边那个有一圈尖刺的大齿轮了吗？我们管它叫链轮。后边那个小一点儿的是飞轮。链轮和飞轮通过链条连在一起。不过要注意，链轮要比飞轮大一些。"

他接着说："脚踏板是连接

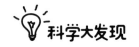

在链轮上的，所以我们每蹬一圈，链轮也跟着转一圈。链轮转动起来以后，通过链条，就带着飞轮一起转起来，和飞轮连接的自行车后轮就跟着转起来，自行车就跑起来了。你们注意看，飞轮比链轮小，所以飞轮要转得比链轮快一些。"

"也就是说，如果把链轮设计得更大，同时把飞轮设计得更小的话，后轮会转得更快，自行车就会跑得更快了吧？"鲁克说。

"完全正确！但是要注意，链轮增大以后，需要骑自行车的人耗费更多的能量。也就是说，要想让后轮转得更快，就要更用力地踩下脚踏板。"奥维尔仔细地给大家讲解着，"不过话说回来，你们为什么想了解这些呢？"

"我们正在造一辆赛车，想赶快解决它的动力问题。"何敏回答。

"赛车？什么是赛车？"奥维尔似乎没听明白何敏的话。

"它有点儿像自行车，不过可能要有四个轮子。"何敏解释道。

"我知道了，是四轮车吧？也许你们需要一套标准的链轮和飞轮组合，这样就能为你们提供强大的动力和完美的平衡了。"奥维尔兴奋地说。

　　鲁克说："再次向您道谢，莱特先生。我们得赶紧回去了。告辞！"

　　随着一道闪光，小伙伴们又出现在了鲁克家的院子。

🍎 更快、更高、更强

时间紧迫，大家开始忙活起来：何敏用螺丝把钢管组装在一起，做出了底盘；蒋方和宁宁把车库里的旧自行车和婴儿车拆解成一个个零件，然后将车轮、车轴和脚踏板等组合起来，作为赛车的动力系统；鲁克在妈妈的帮助下，把一块薄木板锯成不同形状，拼装成赛车的座椅和车身……在大家

的协作下，一辆赛车已经有模有样了。

鲁克从冰箱里拿出几瓶水，递给大家。伙伴们一边大口大口地喝着水，一边讨论起来。

"按照莱特兄弟的意思，这个链轮应该够大了，不过我还是想让车的动力再强一些。"蒋方说。

鲁克用手背抹了一把脸颊上的汗："你有什么想法？"

"我也没想好……不过……嗯……我知道了！火箭！想想看，要是给赛车绑上一个大大的火箭发动机的话……"蒋方兴奋地比画着，"咱们不光要赢——还要创造一个新的世界纪录！"说完，他学着火箭的样子把自己"发射"了出去，嘴里发出火箭升空的嘶嘶声，小狗比特追着蒋方跑了出去，开心地汪汪直叫。

大家都笑了起来。

鲁克提议："要不，咱们去个有意思的地方看看？"

"应该和火箭有关吧？"何敏问。

"哎呀，你太了解我啦！"鲁克笑着挠了挠头。

小伙伴们凑在一起准备自拍。

"等一下。"鲁克从地上拿起一个网球，朝车库门口扔去。

看到比特紧跟着球跑了出去，鲁克接着说："这下好啦，

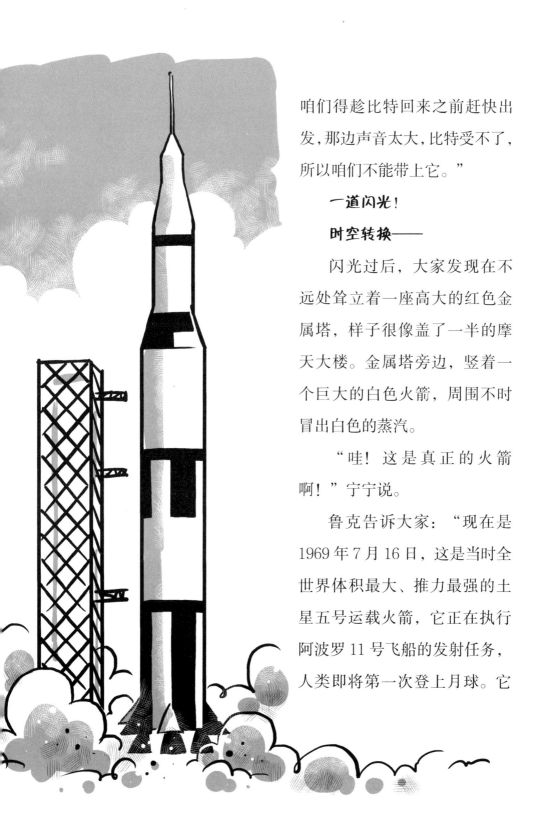

咱们得趁比特回来之前赶快出发，那边声音太大，比特受不了，所以咱们不能带上它。"

一道闪光！

时空转换——

闪光过后，大家发现在不远处耸立着一座高大的红色金属塔，样子很像盖了一半的摩天大楼。金属塔旁边，竖着一个巨大的白色火箭，周围不时冒出白色的蒸汽。

"哇！这是真正的火箭啊！"宁宁说。

鲁克告诉大家："现在是1969 年 7 月 16 日，这是当时全世界体积最大、推力最强的土星五号运载火箭，它正在执行阿波罗 11 号飞船的发射任务，人类即将第一次登上月球。它可能马上要……"

突然，火箭那边传来震耳欲聋的轰鸣声，连脚下的大地也开始剧烈颤抖起来。大家转头望去，看到火箭底部喷出透着火光的白色烟雾，随后它快速离开红色的高塔，腾空而起。火箭持续加速，白色的烟雾在天空中划出一道优美的弧线。在大家的注视下，火箭越飞越高，直到最后连火箭尾部的点点火光也消失在了天空中。

"咱们就要……火箭动力的……赛车……"蒋方兴奋地嚷嚷起来，打破了沉默。

"这次，我感觉蒋方说对了。"宁宁注视着刚刚火箭发射的方向缓缓地点头。

何敏说："咱们要实事求是啊，这怎么可能？我们可造不出火箭发动机！"

"火箭的发射原理其实很简单。"鲁克拿起手机，接着说，"出发，我们现在去拜访真正的火箭专家。"

"你想到谁了？"何敏好奇地问。

"我想，也许应该拜访……"鲁克按下了拍摄按钮。

一道闪光！

时空转换——

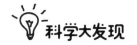

"锵锵锵锵……罗伯特·戈达德博士。"鲁克大声告诉大家。

"你们找我？"眼前这位留着浓密小胡子的先生突然看到几个孩子，好奇地问。此时，他正站在工作台的旁边研究火箭发动机的结构。

"戈达德博士，您好！您可以给我们讲一讲火箭发射的原理吗？"鲁克毕恭毕敬地说明他们的来意。

"那你们可来对地方了。来，找个地方坐下，我们慢慢谈。"戈达德博士招呼大家过来。

孩子们坐下来以后，鲁克轻声说："戈达德博士曾在20世纪初做了很多火箭技术方面的前沿实验。"

"建造火箭虽然是一项复杂的工程，但是它的基本原理并不复杂。"戈达德博士熟练地在黑板上画出一个火箭示意图，然后尝试用孩子们能听得懂的语言继续讲解，"简单来说，在火箭发动机的内部，燃料和氧气的混合物会发生化学反应，其实这是我们最常见的现象，我们称之为燃烧。"

戈达德博士拿起粉笔，指着火箭的底部说："燃烧过程中释放出的气体将从这里排出，喷出的气流就会推着火箭向上飞行，就像把一个充满空气的气球放掉气一样……"

　　戈达德博士边说边从兜里掏出一个气球，向气球吹了几大口气，气球顿时变得鼓鼓的，然后他突然松开手。只见气球在屋里到处乱窜，还发出"噗噗噗"的声音。他解释说："从气球口冲出来的气流不断地把气球向相反的方向推。如果你们知道艾萨克·牛顿的理论……"

　　"那个疯狂的苹果人和他的定律？"蒋方兴奋地说。

　　"哈哈，没错，没错，就是他！看来你很了解科学史嘛！"戈达德博士夸奖蒋方，接着他说，"用学术语言讲，这种现

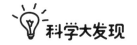
象涉及作用力和反作用力——如果一个物体往一个方向施加推力，那么这个物体本身也会受到与那个推力方向相反的推力，这就是牛顿第三定律。"

"我们明白啦。"何敏高兴地说。

鲁克点点头说："谢谢您，戈达德博士！您赶快继续工作吧，我们不耽误您时间了。"

蒋方说道："是呀，谢谢博士！我们得快点儿回去制作我们自己的火箭发动机啦。我们肯定能赢！"

戈达德博士和大家道别后，鲁克按了下返回按钮。

 神奇的杠杆

刚回来，比特就冲到大家身边呜呜地叫了两声，像是在抱怨主人没有带它出去玩儿。

鲁克抚摸着比特，轻轻地对它说："很抱歉这次没带你过去。那边实在太吵了，比上次国庆时烟花表演的声音还大，我知道你不喜欢噪声。"

听到"噪声"二字，比特赶紧蹲下身子蜷缩起来，好像马上要放烟花一样。不过，当它发现没有出现噪声后，又开心地在大家身旁蹦蹦跳跳起来。何敏抱起比特，宠溺地说："比特，大家现在有点儿忙，你自己玩儿一会儿吧。"

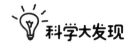

"咱们得赶快想想怎么把火箭发动机给弄到车上来。"蒋方仔细端详着车子，继续说，"咱们得有个秘密武器。"

鲁克想了想，"我觉得直接把火箭发动机装在车上难度很大，那玩意儿怎么操控？安不安全？最关键的是，咱们到哪儿去弄这个发动机和燃料呢？我想，爸爸妈妈要是看到咱们开着一辆装有火箭发动机的赛车到处跑的话，肯定会担心的。"

"说的好，很有逻辑。"何敏说。

"我们不能让逻辑阻挡了我们的想法呀，鲁克。逻辑可能会让莱特兄弟止步于制造自行车，逻辑也可能让牛顿坐在苹果树下抓紧时间学习……逻辑……可真是……太无聊了！"蒋方越说越激动。

"科学进步当然需要想象力，但更需要逻辑的引导，这是必不可少的。"鲁克可不赞同蒋方的话，"只不过逻辑思考没那么让人兴奋罢了。"

"你们俩别争了，让我来彻底解决这个问题……"何敏打断两人的对话，指着比赛海报上列出的比赛规则说，"这里写得明明白白，禁止使用发动机，火箭发动机是不能用的。"

"这样最好，问题解决了。"宁宁说。

鲁克和蒋方被弄得哑口无言，他们得再琢磨出个更好的点子。

比特围着宁宁又跑又跳的，似乎想让宁宁陪它玩儿。宁宁蹲下身，"比特，我们玩儿点什么好呢？"

聪明的比特兴奋地跑到大树下面，仰着头，冲着上面汪汪叫。

宁宁愧疚地说："对不起，比特，飞盘卡在树上了。"

"怎么了？"蒋方问。

"在你来之前，宁宁把比特的飞盘给扔到树上去了。"何敏说。

宁宁辩解道："刚才不是都说了嘛……那只是个意外，飞盘是被风吹到树上去的！"

蒋方朝树上望去，"可真够高的，要不扔个东西试试？也许能给飞盘撞下来。不过你得做好思想准备，扔上去的东西也可能卡在上面。"

"要不咱们来个叠罗汉，一个人站在另一个人的肩膀上？"宁宁说。

"可要是还不够高呢？而且咱们也没有那么大的力气吧。"何敏说，"鲁克，你有啥主意吗？"

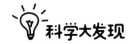
鲁克挠挠头，"要是有个东西能把人举到树上去就好了。嗯……好吧……"他又从兜里掏出手机，准备和大家自拍。

一道闪光！

时空转换——

"这里暖暖的，真舒服。"何敏说着往前面走了两步，脚下扬起了一团尘土。

小伙伴们来到了一处古代院子中央，这个院子不大，四周都是白色的房子。这些房子是用砖块搭起来的二层小楼，上面一层围着一圈由木头搭建的阳台，再上面是用红色陶土瓦片叠搭而成的房顶，它们可以遮挡阳光。走进房间，大家发现屋里的窗户都是小小的，位置很高，而且没有装玻璃。

这时，大家隐约听到了说话声——阳台上一位留着灰色胡子、身穿宽松袍子的先生正在和大家打招呼——接着，那个人转身准备下楼。

"咱们找他要了解些什么呢？"何敏说。

鲁克向大家介绍："现在是公元前245年，这位先生是伟大的古希腊哲学家、数学家、物理学家阿基米德。"

"虽然我们之间相差两千多年，但我还是不想叫他古人。"蒋方说。

这时，阿基米德来到院子里，微笑着对大家说："你们好，我的朋友。现在，可以告诉我你们的来意吗？"

"我们要爬到一棵树上去，但是那棵树实在太高了，想请您帮忙出出主意。"

阿基米德大笑起来，过了好久才止住笑，说："你们要爬到大树上？"他耸了耸肩，然后用手指在地面上厚厚的尘土上画了起来。他用一条横线代表水平面，在水平面上画出一个小小的三角形，接着，在朝上的那个顶点上方画出一条长长的直线，整个图形很像一个不平衡的跷跷板。在跷跷板短的一侧上方，他画了一个正方形，而在长的一侧，他画了一个指向下方的箭头。

"给我一个支点，我可以撬起地球。"说完，他拍了拍鲁克的后背，然后走回屋里去了。

鲁克拍了一下脑门，"哎呀！对啊！我明白啦！"

何敏还是有些摸不着头脑，"就这样？咱们到这里就是来看这个画在尘土上的跷跷板？"

"这可不是跷跷板，这正是咱们要的答案！这是杠杆，就像阿基米德说的那样。"鲁克指着三角形说，"这是支点，或者说轴心。杠杆就像是放在它顶上的一个板条。"接着，

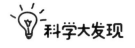

他指向正方形，"我们把想要举起来的东西放在短边，然后在长边施力下压……然后就好啦！是不是很简单？但这真的特别管用。"

"下压的那一侧越长，就越容易撬起另一边的重物。也就是说，如果杠杆足够长，咱们中的一个人就一定能被举起来。"

"我想，在建造巨石阵的时候，人们也是用这种方法来往高处运送石材的吧？咱们在巨石阵的时候，我就一直琢磨这个问题呢。"何敏说。

鲁克点点头，表示赞同，"很有可能！人类用这种方法

来移动物体，已经有好几千年的历史了，而且直到现在还在用呢！"

蒋方说："那还等什么呀？咱们赶紧回去玩儿举高高吧！唉，老实说，我都觉得我的搞笑天赋用在你们身上简直就是浪费！"

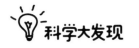

气压的力量

不过，大家在兴奋了几秒之后，突然发现了这个计划的缺陷。

何敏问："咱们要用多长的杠杆才能把一个人举到树上去呀？我在想，我们好像没有足够的材料吧？"

"不光杠杆本身得够长，支点恐怕也得要做得很高呢……"鲁克补充道，"看来杠杆这个办法可能行不通，恐怕还是要等刮大风，飞盘才可能掉下来。"

"如果我鞋底下有个火箭的话，我就能飞到树上去啦。"蒋方抚摸着正在摇尾巴的比特，"小家伙，让你失望了，我没有火箭鞋……"他捡起喝了一半的矿泉水瓶，咕咚咕咚喝了几大口。

何敏眼睛一亮，说："或许，这也不是不可以呀。按照戈达德博士所说的，如果装满空气的气球能到处飞，那么装满空气的矿泉水瓶是不是也能飞起来呢？"

鲁克挠挠后脑勺，看了看赛车，又看了看矿泉水瓶，突然，他高兴起来，"就是这样！没错，肯定没问题！我去车库里

拿点儿东西过来。何敏、蒋方，你们俩赶快到垃圾箱里看看，还能不能多找些矿泉水瓶来？宁宁，可以帮我把打气筒和打气针拿来吗？"

过了一会儿，鲁克拿着一些小瓶塞子和几副护目镜回来了。何敏和蒋方每人怀里都抱满了大小不一的水瓶子。宁宁拿着一个手持打气筒，"鲁克，你要的是这个吧？"

"就是它，没错。现在，我们戴上护目镜。蒋方，递给我一个瓶子……好嘞，谢谢！瓶子里面还有一些水呢，简直太完美了！"鲁克把瓶盖拧开，然后用带过来的小瓶塞子堵住瓶口，"现在，我要把空气打进瓶子里。"他小心地把打气针插进瓶塞，然后给瓶子打气，"好啦！大家往后站！瓶子里的气压一旦足够大，随时都会把瓶塞顶开的。"

鲁克不停地打气。突然，砰的一声巨响，瓶子飞了出去，当大家反应过来时，瓶子已经撞到了院子另一头的树干上，水洒了一路。比特快速跑了过去，开心地把瓶子叼了回来。

蒋方高兴地欢呼："太棒啦！下一个让我来！"

"离大树近一点儿。"何敏提议，"这样更容易打中飞盘。"

"火箭"的发射精度虽然不高，但是特别好玩儿。在接下来的十分钟里，大家轮流向树上发射矿泉水瓶。比特则热

衷于跑过去把掉下来的水瓶捡回来。

　　"还记得刚才戈达德博士说的牛顿定律吗？就是作用力和反作用力，每一个对其他物体施加作用力的物体，都会受到反作用力。我们的火箭在发射时喷出来的水，同时也推动瓶子向相反的方向飞。"鲁克说。

"咱们可以不用水，直接向瓶子里充气吗？"宁宁问。

鲁克解释说："按照牛顿第二定律所说的，物体加速度的大小跟物体受到的作用力成正比，跟物体的质量成反比。假设我们用同样的力气去推两辆相同的货车，其中一辆车上没有装货，另一辆装满了大石头，那么很显然，我们比较容易推动没有装货的车，而那辆装满石头的车就算我们用上很大的力气，也许只能让它移动一点点。也就是说，要想推动那辆装满石头的货车，我们要用到更大的力。"

"可是这和火箭有啥关系啊？"宁宁听得一头雾水。

鲁克接着说："水比空气重，把水从瓶子里推出去所需要的力，要比从瓶子里推出空气所需要的力更大，因此它产生的反作用力也会更大，这样就能反推着瓶子飞得更高更远。"

"原来是'苹果人'启发了咱们！他好像有那么点儿英雄的样子了！"蒋方擦了一把脸上的水。

"咱们剩下的瓶子可不多了！"

何敏一边准备自己的"火箭"，一边说："我觉得这个肯定能打中。"

瓶子飞向树枝，直接命中了飞盘。飞盘终于摇摇晃晃地

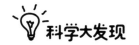

落向地面。比特开心得汪汪直叫，它猛地跳起来，直接在半空中接住了飞盘。大家互相击掌，庆祝何敏精准的射击。

宁宁向大树望去，"我发现了一个问题，挂在树枝上的那些瓶子怎么办？"

大家抬头一看，十多个花花绿绿的矿泉水瓶全挂在了树枝上，小伙伴们你看看我，我看看你，感觉又奇怪又好笑。

鲁克小声说："我想，还是等刮大风吧……但愿爸爸妈妈不会注意到它们……"

从天而降的铁球

又过了两小时，赛车终于要完工了。

何敏把最后一片胶合板钉到车外框上。

蒋方再次检查链轮、飞轮和链条，确定连接无误。

宁宁测试了鲁克安装的绳索操控系统。

鲁克把一张大大的地图铺在草地上，开始研究比赛路线。

何敏放下螺丝刀，"我突然想起来，咱们还没确定由谁来驾驶赛车呢。"

宁宁说："我的个头儿最小，体重最轻，我觉得由我来担任车手比较合适。最重要的是，我一直热衷追求速度。"

蒋方说："你不一定最合适，这得看比赛路线。如果有很多下坡的话，咱们就应该选体重最大的来开，这样车才能跑得更快嘛。鲁克，你觉得呢？"

鲁克用手指描了一遍地图上的比赛路线，"比赛路线中确实有很多下坡，不过我不太确定是不是体重大的人会开得更快。"

"你一定知道我们该去问谁。"何敏说。大家早已凑在

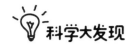
一起做好准备了。

一道闪光！

时空转换——

这次，大家出现在了一个小镇广场上，广场的地面是用褐色的石头铺成的。在大家身后，耸立着一座高高的钟楼。

何敏发现周围的人都穿着暗色的衣服，她转身和大家说："我想这里肯定不是购物中心——除非潮流倒转——他们穿的衣服可真难看，看起来很老气。"

"哈哈，这是 16 世纪的荷兰，具体一点儿，这里是代尔夫特。"鲁克继续说，"不过，我建议你们赶紧往后退一步。"

鲁克话音未落，两个金属球突然从天而降，同时落到了大家面前的地面上，发出了低沉的声音。

"鲁克！你不是说过，我们在'虫洞'应用程序里绝对安全吗？"何敏努力克制着自己的怒气，她可受不了这突如其来的惊吓，"如果这两个球砸中咱们，那可怎么办？"

鲁克这回可没有那么自信了，"这个嘛……我也不确定，不过应该没什么事儿吧。"

"应该？这也太吓人了吧！"何敏不依不饶的。

大家俯下身子，认真地观察那两个差点儿砸中他们的金

属球，其中一个有铅球大小，另一个差不多有篮球那么大。

忽然，孩子们身边走来一个人，这个人也穿着深色的衣服。

"亲爱的朋友们，请问刚刚这两个球是同时落地的吗？"

小伙伴们不约而同地点了点头。

"看到了吧，没错！不同质量的物体会以同样的速度下落。我的实验证明了这一点！"

看到这个人激动的样子，大家都有点儿摸不着头脑。

　　"质量是一个物理概念，它可以表示某个物体中所含物质的量。"鲁克接着说，"他叫西蒙·斯蒂文，他刚刚从教堂的钟楼上做的这个实验，和同时期另一位著名科学家伽利略的猜想大致相同。伽利略认为，所有的物体下落时都是一样的，即使一个物体的质量大于另外一个物体，只要它们同时下落，就会以同样的速度落地。现在，咱们去找伽利略聊聊吧。"

　　鲁克调整了一下"虫洞"应用程序的设置，瞬间，热闹的小镇广场变成了安静、宽敞又通风的房间，他们来到了意大利。

　　这个房间非常安静，一位留着长胡子的先生站在一个斜坡旁边，两眼紧紧盯着斜坡沟槽中正在滚落的金属球。在斜坡旁边，有一个奇怪的圆锥装置，水从这个锥体中一滴一滴落入水桶，看样子像是用来计时的。他把一个金属球放到斜坡顶端的沟槽中，在金属球沿着斜坡往下滚的过程中，他数着水滴"滴答——滴答——滴答——"的声音，并做着记录。

　　"他在做什么呢？"何敏小声问。

　　鲁克告诉她："这位是伽利略，他可是近代自然科学的创始人。快看，他正在研究重力作用下物体的下落速度。"

"就像西蒙·斯蒂文那样吗？"何敏轻声问。

"在那个年代，大家都认为当两个物体从同样的高度下落时，质量越大的下落得越快，这是古希腊科学家亚里士多德得出的结论。"

伽利略用低沉的声音说："但我用实验证明他错了！"

突如其来的声音把大家都吓了一跳。

"谢谢你们能在我工作的时候保持安静，这说明你们有非常好的科学素养，我十分欣赏你们。来，到这边看看。"说着，伽利略拿起几张记录数据的纸，指着斜坡说，"看这儿，如果咱们只是简单地扔下两个质量不同的金属球，它们下落得太快了，没办法精确地计量它们下落的速度。所以，我设计了这个斜坡。"

孩子们点了点头。

"斜坡延长了金属球下落的过程，这样我就可以用水钟来计量它们下落的时间了。"伽利略抬起手，指向那个滴水的圆锥装置。

鲁克走过去仔细观察，"水滴滴落的时间是均匀的，就像秒针跳动一样。"

"我在实验时发现，无论我用什么质量的球，它们的下

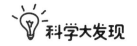

落时间几乎都是相同的。这说明亚里士多德的结论错了！"

　　"干得漂亮！伽先生……我是说……伽利略先生……"
蒋方夸赞道。

　　"谢谢您花时间为我们讲解。"说着，鲁克悄悄掏出了
手机。

　　"跟愿意学习的人聊天，我非常开心，欢迎你们再来。"
伽利略挥着手说。

　　大家又回到了鲁克家的院子。

"问题解决啦！还是让我来开车吧。"宁宁兴奋地说。

鲁克却说："等一下。质量应该只是决定赛车速度的一个因素，我们还要考虑摩擦力和风的阻力什么的，毕竟开车要比滚动金属球复杂得多。"

蒋方满眼期待地笑了起来，原来他也想驾驶赛车。

"比赛路线中的第一个赛段和最后一个赛段都是上坡，特别是最后那个赛段，是个距离很长的上坡路，而且一直延伸到终点。"鲁克展开赛道地图，比画着，"所以，综合这些因素，我认为宁宁应该更适合驾驶这辆赛车，因为她不仅体重轻，而且胆子够大。"

蒋方耸了耸肩，遗憾地说："好吧好吧……宁宁，一定要赢哦！"

宁宁挥舞着拳头欢呼起来，"一定！我肯定能赢！谢谢啦！"

"先别着急，咱们还有更重要的事要感谢蒋方呢。"鲁克笑得嘴角都咧到耳朵根去了，他继续小声说，"他刚才可说过要有个什么秘密武器呢……"

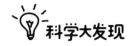
秘密武器

第二天的天气和前一天的一样晴朗、干燥，并伴有阵风。小伙伴们早早地来到鲁克家里，为比赛做最后的准备。蒋方、宁宁和何敏吃惊地发现，赛车上安装了一个新装置。

"车的前面什么时候插上了一根棍子？"何敏问，"我们昨晚明明已经干得很晚了啊。"

"这就是咱们的秘密武器！"鲁克骄傲地说，他的眼圈黑黑的。

"一根普普通通的棍子？它并不像什么秘密武器呀。"蒋方开着玩笑说，"宁宁，你可以用这个棍子把其他车敲打出局……"

"这当然不能这么用。"鲁克反驳道，接着他小声对宁宁说，"宁宁，这个秘密武器我只告诉你，到时候就

这样用……然后这样用……"

一开始，宁宁似乎没有听懂，后来鲁克一边说，一边比画，宁宁的脸上露出灿烂的笑容，随后兴奋地连连点头。

看到两个人在旁边窃窃私语，何敏和蒋方互相看了看，做了个无可奈何的表情。

"好啦，没问题啦，咱们出发吧。"鲁克拍拍手，招呼大家。

"看来这个惊喜让你来了兴致。"何敏说。

"是啊！这绝对是个精妙绝伦的想法！"宁宁激动地说。

"现在，你们可不能再沉浸在我的才华当中了。比赛马上就要开始啦！"鲁克骄傲地说。

赛场上，横幅被风吹得发出啪啦啪啦的声响。路边的观赛区域挤满了前来观赛的人。为了保证比赛顺利进行，交通警察将道路临时封闭，比赛的主办方在赛道两侧布置了显眼的路标，并在弯道处堆满了厚厚的稻草，保证车手和赛车的安全。

起跑区里热闹非凡，大家惊讶地发现，参赛的赛车大小不同、形状各异。伙伴们一边看，一边推着赛车，终于来到了起跑线附近。

何敏环视四周，仔细地勘察赛场情况，小声对大家说："咱

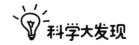
们应该早点儿过来，抢个靠前一些的起跑位置，这样我们就能在发车时领先其他赛车了。"

然而，鲁克却执意让大家把赛车往后靠，而且即使已经到了队伍最后，鲁克还是让大家把赛车往后挪。

蒋方不解地问："你要让我们去哪儿呀？"

"好的……就在这儿吧。我想这里应该可以了。"鲁克自信地说。

何敏疑惑不解，"这里的视野确实不错，可我们和那些赛车差了三十多个车身距离……"

鲁克指着起跑线说："你们看，赛车的发车位置是个上坡。咱们所在的这个位置虽然在队伍最后面，但在发车之后，咱们就能利用这个下坡加速，当其他赛车还在起跑线附近慢吞吞地爬坡的时候，宁宁的赛车绝对是速度最快的。"

宁宁半信半疑地说："好吧，我可不想输掉这场比赛。"

鲁克鼓励宁宁："正是因为你不喜欢输，你才能成为我们的车手啊。"

蒋方说："如果你们俩觉得没问题，我没有意见。"他把车头对准正前方。

何敏给宁宁系好头盔的带子和安全带，然后起身说："祝你好运！比赛就要开始啦！我们去观赛区了，那边能看到整个赛道。"

鲁克、何敏和蒋方刚来到观赛区，裁判就挥下小旗，示意比赛开始。

赛车纷纷冲向前去，一些车体轻便的车子很快就冲到了队伍前头，而那些重量较大的，则费劲地爬着漫长的上坡。

小伙伴们发现，参赛车子的动力装置大多都用到了和自行车类似的链条传动方式，还有一些与众不同的赛车，比如靠车手双脚蹬地的、靠许多人向前推行的、还有靠手持杠杆上下推动的，不过这些赛车大多因为动力不足、结构复杂等原因，困在了第一赛段。

"下一个赛段是连续弯道！这可能是为了检验赛车的操控力而特意设置的。你们看，已经有好几辆赛车冲进稻草堆中了。呀！那边撞车了，真遗憾，他们的比赛提前结束了。"鲁克说，"快看，宁宁来了！"

小伙伴们惊讶地看到，宁宁驾驶的赛车左右穿行，飞一般地超过一辆又一辆赛车，只见她眉头紧锁，双脚飞快地蹬踩脚踏板。宁宁高超的驾驶技术与结实坚固的赛车结构完美结合，赛车轻松通过弯道赛段。很快，她的前面就只有三辆赛车了。

"宁宁，加油！宁宁，加油！"蒋方兴奋地喊着。

不过，这样惊心动魄的比赛场面却没能提起鲁克的精神，何敏好奇地问："怎么了？鲁克，你有什么心事吗？"

鲁克抱紧双臂："不知道为什么，我总感觉我们好像忘了什么。"

蒋方问："哪方面呢？你看，我们的赛车运转正常，车轮、链轮、飞轮的比例安排得非常完美。而且，你还装了那个什么秘密武器……"

"也许，可能也没什么事儿吧……不去想了。"鲁克摇了摇头，"快看，宁宁又追上一辆！前面就是最后一个赛段了，她前面只有两辆赛车了。加油！"

大家看到宁宁咬紧牙关，努力地向前冲刺。这是一个漫长的上坡路段，得益于赛车的轻便设计，宁宁又超过了前面一辆赛车。

蒋方大声喊道："超过它，宁宁就是冠军啦！加油！"

何敏有些失望地说："离那辆车太远了，没希望了！"

可是鲁克并没有放弃，他眼睛一亮，用最大声向宁宁喊："宁宁，快用秘密武器！现在就用！"

宁宁拉下一根绳子，一面宽大的白色风帆瞬间张开。蒋方和何敏终于明白，原来那个杆子是赛车的桅杆。一阵大风让风帆绷得紧紧的，他们的赛车像是装了火箭发动机一样，冲上了坡道，迅速超过了排第一的车。

"宁宁马上就要赢啦！"何敏欢呼起来。

"不——！"鲁克大喊。

"什么意思？我们明明这就要赢了啊！"蒋方不解地说。

鲁克却沮丧地说："我终于想起来了，我们忘了给赛车装刹车系统了！"

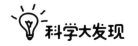

赶快停下来

两辆赛车齐头并进，快要到终点了。宁宁发现旁边的车手竟然是隔壁初中的足球队队长，他看起来似乎已经筋疲力尽。对手的状态，反而激发了宁宁的斗志。此时正好又刮起一阵大风，宁宁借助风力，用尽最后的力气猛蹬脚踏板，一下子抢先撞线！她赢啦！

"赢啦！"宁宁高兴得挥舞拳头。观众都为她欢呼庆祝。宁宁转头望向观众席上小伙伴们的位置，她看到大家正焦急

地向她比画，冲着她大喊："宁宁，快减速，有问题！"

不过，宁宁完全没听到大家的话，此刻她正享受着胜利的喜悦。

领奖台就在前面，宁宁看到工作人员都在迎接胜利者，示意她减速停车。就在宁宁停止蹬车，准备刹车的时候，她吃惊地发现这辆赛车根本没装刹车！

她惊慌失措地大喊："快闪开！我停不下来了！"接着，她左拐右拐，尽力躲开站在前面的工作人员。这时，大风再次吹起风帆，车子又开始加速了。

宁宁给自己打气："冷静！集中注意力！赶快找一条安全的路。"

她朝前面那条临时封闭的道路开去，那里没有人。

宁宁的大脑一片空白，她努力集中注意力，"我该怎么做呢？我应该赶紧想想力学知识。快点儿想出办法！"她紧握着控制方向的绳子，车子沿着道路飞快前进。

与此同时，何敏、蒋方和鲁克拼命地追着赛车跑。

"车子太快了！"蒋方已经上气不接下气了。

"如果找到上坡路，会好一些。"何敏说。

鲁克说："不对不对，她首先要做的是……"

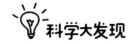

"收起风帆！这样风就不会推着我跑了！"宁宁终于找到了问题的症结，她解开绳子，风帆砰的一声收了起来。

但是，车子虽然停止了加速，速度依然很快，她继续给自己打气："很好！接下来，摩擦力应该会帮上忙，让我停下，但需要多长时间呢？"

前面是个急转弯！宁宁赶紧转弯，擦着稻草堆继续飞驰。鲁克、何敏和蒋方抓住这个机会，赶紧抄了个近道，追上了宁宁。

"宁宁，在下一个路口右转——然后就是上坡了，这样你就能减速了！"蒋方大声喊道。

鲁克接着喊："转弯过后看看路边有没有沙地，这样能加大摩擦力！"

但是当宁宁到达下一个路口时，车子却没有向右转，反而继续向前，向下坡的方向冲了过去。

"我没法控制方向了。风帆的绳子和控制方向的装置缠在一起了！"宁宁尖叫道，"救……命……啊……"随着赛车越跑越远，宁宁的声音越来越小。

突然，大家听到了哐当一声……

然后是一阵寂静……

接着是扑通落水的声音……

鲁克、何敏和蒋方相互对视，他们都开始紧张起来。

"前面是什么地方？"蒋方问。

"是个儿童游乐场，那里有个鸭子池塘！"

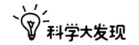

鲁克、何敏和蒋方钻进灌木丛。眼前的车辙越来越明显，大家抬起头，看到宁宁和已经散落成零件的赛车就在鸭子池塘里。几只小鸭子摇摇晃晃地游过，非常惊恐。

鲁克说："看呀，灌木丛和水池帮助赛车减速了！"

何敏赶紧跑向宁宁，"宁宁，伤到没有？"

只见宁宁一脸愤怒地坐在池塘里，她全身上下已经湿透了，头盔还在往外流水。

"啊，真不错。当赛车冲进池塘后，池塘中的水给了赛车一个相反的力。"鲁克说，"现在赛车漂浮在水面上，这说明还有其他的力……"

"无论如何，我想宁宁现在可顾不上这些！"何敏扭头气恼地说。

"是啊，你现在别再说什么力了，不然的话，我想你就能看到宁宁用暴力了，而且还是作用在你身上。"蒋方警告鲁克。

"车子好像在下沉。"何敏担心地问，"宁宁会游泳吗？"

"没事儿，池塘的水只能没过我们的膝盖。"紧接着，鲁克看到宁宁跺着脚向他们跑来，"她好像不太高兴，对吧？"

"她现在肯定不会高兴。"

"我觉得她现在一定非常气愤。"

蒋方对何敏眨了眨眼，"我想她应该正在生'某人'的气呢。"

"难道她不该因为赛车坏了，感到不好意思吗？"鲁克问。

宁宁大叫着跑来，"鲁克！你别跑！等我过来！"

何敏说："我感觉她好像确实是在生某人的气，不过应该不是我和蒋方。"

鲁克结结巴巴地说："啊……好像……是的……对啦，比特找我有点儿事，我该回去遛比特了……呃……回头见啦！"

宁宁大喊大叫地冲向鲁克，鲁克撒腿就跑。

和科学家面对面

艾萨克·牛顿

艾萨克·牛顿（1643—1727），英国物理学家、数学家，被誉为"近代物理学之父"，著有《自然哲学的数学原理》《光学》等。

莱特兄弟

莱特兄弟是美国著名的发明家，哥哥是威尔伯·莱特（1867—1912），弟弟是奥维尔·莱特（1871—1948），他们首次试飞了完全受控、依靠自身动力、机身比空气重、持续滞空不落地的飞机。

罗伯特·戈达德

罗伯特·戈达德（1882—1945），美国火箭专家和发明家，被誉为"现代火箭技术之父"。他于1926年3月16日成功发射了世界上第一枚液体火箭。

阿基米德

阿基米德（公元前287—前212），古希腊科学家、数学家、物理学家，他是静态力学和流体静力学的奠基人，享有"力学之父"的美称。

西蒙·斯蒂文

西蒙·斯蒂文（1548—1620），荷兰数学家、工程师。他解决了斜面上物体的平衡问题，给伽利略在实验斜面上论证惯性定律以一定的启示。

伽利略·伽利雷

伽利略·伽利雷（1564—1642），意大利天文学家、物理学家、工程师，欧洲近代自然科学的创始人，被称为"观测天文学之父""现代物理学之父""科学方法之父""现代科学之父"。

著作权合同登记　图字：01-2020-4643 号

图书在版编目（ＣＩＰ）数据

不可思议的力 / （美）保罗·哈里森著 ；许若青译
. -- 北京 ：中国少年儿童出版社，2022.1
（科学大发现）
ISBN 978-7-5148-7005-3

Ⅰ. ①不… Ⅱ. ①保… ②许… Ⅲ. ①力学－少儿读
物 Ⅳ. ①04-49

中国版本图书馆CIP数据核字 (2021) 第183906号

BUKESIYI DE LI
（科学大发现）

出 版 发 行：中国少年儿童新闻出版总社
中国少年儿童出版社

出 版 人：孙　柱
执行出版人：赵恒峰

策划编辑：李晓平	责任编辑：曹　靓
著：[美]保罗·哈里森	责任印务：刘　澈
译：许若青	责任校对：栾　鋆
装帧设计：安　帅　于歆洋　张　鹏	

社　　　址：北京市朝阳区建国门外大街丙 12 号	邮政编码：100022
编 辑 部：010-57526329	总 编 室：010-57526070
发 行 部：010-57526568	官方网址：www.ccppg.cn

印刷：北京圣美印刷有限责任公司

开本：710mm×1000mm　　1/16	印张：5
版次：2022 年 1 月第 1 版	印次：2022 年 1 月北京第 1 次印刷
字数：80 千字	印数：1—6000 册
ISBN 978-7-5148-7005-3	定价：29.80 元

图书出版质量投诉电话010-57526069，电子邮箱：cbzlts@ccppg.com.cn